AF498198

EXPOSITION UNIVERSELLE INTERNATIONALE DE 1900

DIRECTION GÉNÉRALE DE L'EXPLOITATION

CONGRÈS INTERNATIONAL

DE

L'ALIMENTATION RATIONNELLE

DU BÉTAIL

TENU À PARIS DU 21 AU 23 JUIN 1900

PROCÈS-VERBAL SOMMAIRE

PARIS

IMPRIMERIE NATIONALE

M CMI

CONGRÈS INTERNATIONAL
DE L'ALIMENTATION RATIONNELLE DU BÉTAIL
TENU À PARIS DU 21 AU 23 JUIN 1900.

COMMISSION D'ORGANISATION.

PRÉSIDENT.

M. Eugène Mir, sénateur de l'Aude, membre du Conseil supérieur de l'agriculture.

VICE-PRÉSIDENT.

M. A. Sanson, professeur honoraire de zootechnie à l'Institut national agronomique et à l'École de Grignon.

SECRÉTAIRE GÉNÉRAL.

M. A. Mallèvre, professeur de zootechnie à l'Institut national agronomique.

SECRÉTAIRE GÉNÉRAL ADJOINT.

M. H. Baudoin, préparateur répétiteur du cours de zootechnie à l'Institut national agronomique.

TRÉSORIER SECRÉTAIRE.

M. Gallo (Georges), maire de Croissy-sur-Seine.

MEMBRES.

France.

MM. Arloing, correspondant de l'Académie des sciences, directeur de l'École de médecine vétérinaire de Lyon.

Benard (J.), agriculteur à Coupvray, membre de la Société nationale d'agriculture.

Butel, médecin-vétérinaire à Meaux.

Chauveau, membre de l'Institut, inspecteur général des Écoles vétérinaires, membre de la Société nationale d'agriculture.

Cormouls-Houlès (G.), agriculteur aux Failhades (Tarn).

Cros-Mayrevielle (Gabriel), viticulteur à Narbonne.

Dechambre, professeur à l'École nationale d'agriculture de Grignon.

MM. GALLÈS, régisseur du domaine des Cheminières, par Castelnaudary (Aude).

GAROLA, professeur départemental d'agriculture d'Eure-et-Loir.

GERVAIS, secrétaire général de la Société de viticulture de France.

GIRARD (A.-Ch.), professeur à l'Institut national agronomique.

GRANDEAU, inspecteur général des Stations agronomiques.

HEYLLES (le Dʳ), directeur de la Ferme-École du Bosc (Aude).

HUOT (Gustave), agriculteur à Saint-Léger.

LACAZE-DUTHIERS (DE), membre de l'Institut et de l'Académie de médecine, ancien président de la Société nationale d'agriculture.

LAULANIÉ, directeur de l'École de médecine vétérinaire de Toulouse.

LAVALARD, membre de la Société nationale d'agriculture, administrateur délégué de la Compagnie générale des omnibus, à Paris.

LEBLANC (Camille), membre de l'Académie de médecine, médecin-vétérinaire.

LE CONTE (Jules), conseiller référendaire à la Cour des comptes, membre du Conseil d'administration de la Société des agriculteurs de France.

MALRIC (Henri), viticulteur à Carcassonne.

MÜNTZ (Achille), membre de l'Institut, professeur à l'Institut national agronomique, membre de la Société nationale d'agriculture.

NOUETTE-DELORME, éleveur à la Manderie, membre de la Société nationale d'agriculture.

PASSY (Louis), député, secrétaire perpétuel de la Société nationale d'agriculture, membre de l'Institut.

RISLER, directeur de l'Institut national agronomique, membre de la Société nationale d'agriculture.

SAGNIER, directeur du *Journal de l'agriculture*, membre de la Société nationale d'agriculture.

SAINT-YVES-MÉNARD (le Dʳ), directeur du Service de la vaccination de la ville de Paris, membre de la Société nationale d'agriculture.

SAINT-QUENTIN (le comte DE), député, membre de la Société nationale d'agriculture.

TACHOIRES, sous-directeur de la Ferme-École de Castelnau (Haute-Garonne).

TAINTURIER (E.), membre de la Chambre syndicale du commerce en gros de la boucherie de Paris.

TEISSERENC DE BORT (Edmond), sénateur, membre de la Société nationale d'agriculture.

TISSERAND (E.), conseiller-maître à la Cour des comptes, directeur honoraire de l'Agriculture, membre de la Société nationale d'agriculture.

VACHER (Marcel), ancien député, membre de la Société nationale d'agriculture.

WÉBER, membre de l'Académie de médecine, médecin-vétérinaire.

PROGRAMME.

1° Succédanés du lait pour l'alimentation des veaux d'élevage et de bou
cherie.

Rapporteurs : M. Gouin, membre correspondant de la Société nationale d'agriculture,
propriétaire-éleveur ;
M. le D' Saint-Yves-Ménard, directeur du Service de la vaccination de la ville de
Paris, membre de la Société nationale d'agriculture.

2° Influence de l'alimentation sur la teneur du lait en matières grasses.

Rapporteur : M. Dechambre, professeur à l'École nationale d'agriculture de Grignon.

3° Du rôle des matières sucrées dans la nutrition ; emploi des mélasses et
des sucres dans l'alimentation du bétail.

Rapporteur : M. Grandeau, inspecteur général des Stations agronomiques, membre
de la Société nationale d'agriculture.

4° Importance des proportions relatives de matières azotées et de matières
non azotées dans la ration des animaux de travail.

Rapporteur : M. Lavalard, membre de la Société nationale d'agriculture, administrateur délégué de la Compagnie des omnibus, à Paris.

5° Vente et achat des aliments d'après analyse ; contrôle des aliments.

Rapporteur : M. A.-Ch. Girard, professeur à l'Institut national agronomique, membre
de la Société nationale d'agriculture.

6° L'ensilage.

Rapporteur : M. Jules Le Conte, conseiller référendaire à la Cour des comptes,
propriétaire-éleveur.

7° Procédés de dessiccation applicables à la conservation des substances
alimentaires riches en eau (betteraves, pommes de terre, fourrages verts, etc.).

Rapporteur : M. Grandeau, inspecteur général des Stations agronomiques, membre
de la Société nationale d'agriculture.

PROCÈS-VERBAL SOMMAIRE.

I. SÉANCE DU 21 JUIN 1900.

Le Congrès international de l'alimentation rationnelle du bétail a été ouvert le jeudi 21 juin 1900 à 2 heures et 1/2 sous la présidence de M. Jean Dupuy, Ministre de l'agriculture.

Dans une allocution souvent interrompue par les applaudissements, M. le Ministre, après avoir souhaité la bienvenue aux congressistes étrangers, a fait ressortir l'importance que devaient offrir les travaux du Congrès, étant donnée la place que tiennent en France l'élevage et l'exploitation du bétail.

On a procédé ensuite à la constitution du bureau. Ont été nommés :

Président : M. Eugène Mir, sénateur de l'Aude.

Vice-présidents : MM. Alvord et Henry (États-Unis); Lydtin (Allemagne); Nicoleano (Roumanie); baron Peers (Belgique); Tangl (Hongrie) et Sanson (France).

Secrétaires : MM. Mallèvre et Dechambre.

Après avoir prononcé quelques paroles de remerciments, M. Mir, président, invite le Congrès à commencer ses travaux.

Viennent d'abord en discussion les rapports de M. Gouin et de M. Saint-Yves-Ménard sur *le rôle des succédanés du lait dans l'alimentation des veaux d'élevage et de boucherie.*

M. Gouin étudie spécialement la question de la fécule mélangée au lait. M. Saint-Yves-Ménard s'occupe des autres substances ajoutées au lait, telles que graine de lin, farine de riz, etc. Tous deux sont d'accord pour reconnaître les avantages économiques que peuvent présenter l'écrémage du lait et le remplacement de la matière grasse du lait par une substance facilement digestible.

M. le docteur Cathelneau attire l'attention sur l'existence fréquente de bacilles tuberculeux dans les boues des écrémeuses centrifuges. Il conseille ensuite l'addition d'une petite quantité de malt à la fécule dans le but d'augmenter la facile digestion de cette dernière.

M. Martin (Mamirolle) parle ensuite de l'utilisation du petit-lait pour l'élevage des veaux dans les régions où l'on fabrique des fromages cuits.

MM. Dickson, Lydtin, Marlet, Mir, baron Peers et Sanson présentent également quelques observations à propos des questions traitées dans les rapports de M. Gouin et de M. de Saint-Yves-Ménard.

La seconde partie de la séance est occupée par la discussion du rapport de M. A. Ch. Girard : *Vente et achat des aliments d'après analyse : contrôle des aliments.*

Une longue discussion s'engage à laquelle prennent part MM. Alvord, Garola, Girard, Gouin, Mallèvre, Mir, Miserez, Sanson, Tangl et Thube.

Sont adoptés les vœux suivants présentés dans le rapport de M. Girard :

1er vœu. — « Que les directeurs de laboratoires agricoles étudient de concert les procédés d'analyse appliqués aux aliments de bétail, de manière à obtenir des résultats comparables entre eux. »

2e vœu. — « Que les efforts de la science portent vers l'étude plus approfondie de la composition immédiate des fourrages et notamment du groupe dit « *extractifs non azotés* »; que, tenant compte des faits déjà acquis, les analyses comportent au moins le dosage des matières azotées albuminoïdes, celui des matières sucrées et amylacées et celui des pentosanes. »

3e vœu. — « Qu'une active propagande soit faite pour l'achat et l'emploi des denrées alimentaires d'après leur composition chimique tant au point de vue de la fixation du prix que du calcul des rations. »

4e vœu. — « Que les pouvoirs publics interviennent par une loi spéciale ou générale, afin de mettre l'agriculture à l'abri des fraudes dans le commerce des aliments pour le bétail. Que, conformément à la loi du 7 février 1888, les marchands des denrées alimentaires ayant fait l'objet de manipulations et dont la liste serait insérée dans la loi ou dans le règlement d'administration publique soient tenus d'indiquer dans la facture la provenance naturelle ou industrielle de ces denrées, leur pureté et leur teneur en principes alimentaires ou utiles. »

5e vœu. — « Qu'un laboratoire central d'analyses et de recherches soit institué dans les pays qui n'en possèdent pas, et soit doté de tous les moyens d'action nécessaires pour étudier les questions se rattachant à l'alimentation rationnelle du bétail. »

Sur la proposition de M. Sanson, on adopte un *6e vœu* formulé ainsi : « Le Congrès demande à M. le Ministre de l'Agriculture de bien vouloir inviter ses fonctionnaires spéciaux (directeurs de stations agronomiques et professeurs d'agriculture dans les départements et les arrondissements) à diriger davantage leur attention du côté de la production animale. »

M. Mir estime qu'il sera utile de communiquer le 4e vœu à la Commission de la Chambre chargée de l'étude de la loi déjà votée par le Sénat.

La séance est levée à 5 h. 20.

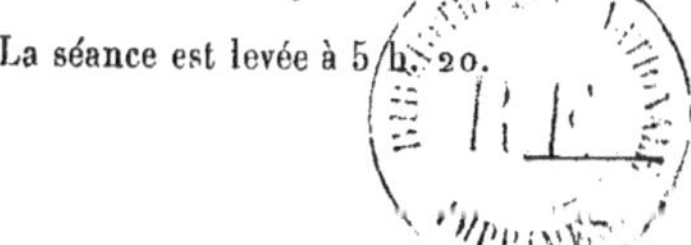

II. SÉANCE DU 22 JUIN 1900.

La séance est ouverte à 2 h. 1/2. Elle est présidée par M. le baron Peers.

M. Lavalard expose les conclusions de son rapport sur *l'importance des proportions relatives de matières azotées et de matières non azotées dans la ration des animaux de travail.*

Il insiste sur la nécessité de se mettre d'accord sur la façon de calculer la relation nutritive, et conclut que la relation nutritive, pour être favorable. doit rester comprise entre un sixième et un dixième. Au cours de la discussion il montre le rôle considérable que jouent les grains dans l'alimentation des moteurs animés. Il conseille également, pour les chevaux qui reçoivent des rations très riches en grains, de diminuer ces rations de la moitié environ pendant les jours de repos, afin d'éviter les accidents pathologiques.

MM. Sanson, Lavalard et Mallèvre attirent l'attention sur les avantages économiques des substitutions entre diverses sortes de grains et sur la façon de comparer le prix des divers aliments.

Prennent encore part à la discussion MM. Gouin, Malric, Mir, Nicolas, le baron Peers, Tangl, Tétard, Marcel Vacher.

M. Marcel Vacher résume son rapport sur *le rôle du blé dans l'alimentation du bétail.* Il conclut que le blé ne doit pas être consommé par le bétail quand son prix de vente est supérieur à 18 francs ; que le blé convient surtout pour l'engraissement des animaux et doit être donné à l'état cuit.

M. Mir, se fondant sur ses observations personnelles, estime que le blé ne doit être consommé par le bétail qu'après avoir subi une cuisson complète. Aussi est-il d'avis qu'il convient, dans ce but, de le convertir en pain dans les contrées où la main-d'œuvre n'est pas coûteuse. Cependant il ne partage pas l'enthousiasme que l'on a manifesté, de divers côtés, pour l'alimentation au blé.

M. Tétard rappelle que M. Pluchet — un agriculteur bien connu — a fait consommer du blé à son bétail et a recommandé de suivre son propre exemple, guidé par l'idée de lutter contre l'avilissement des prix du blé. M. Pluchet sépare, par triage, 15 p. 100 de la récolte, qui seront avantageusement utilisés par les animaux. Si les agriculteurs l'imitaient, on présenterait sur le marché un blé de meilleure qualité, et, dans les années d'abondance, on raréfierait un peu la denrée. Les résultats obtenus ainsi ne pourraient que provoquer l'élévation des prix du blé.

Ont encore présenté quelques remarques sur l'alimentation au blé MM. Malric, le baron Peers et Sanson.

La séance est levée à 4 h. 5.

III. SÉANCE DU 23 JUIN 1900.

La séance est ouverte à 2 h. 1/2. Elle est présidée successivement par MM. Lydtin, Tangl et Mir.

M. Ammann présente son rapport sur *la dessiccation de quelques résidus industriels*.

MM. Chudantp, Mallèvre, Marlet, Mir, Néron, le baron Peers et Sanson échangent quelques observations à ce sujet. Ils sont d'accord, en général, pour reconnaître que la question est dominée par le prix de revient plus ou moins élevé de la dessiccation.

M. le baron Peers fait ensuite une communication sur *l'ensilage des fourrages verts*. Il pratique fréquemment, et sur une grande échelle, cette opération, qu'il regarde comme très avantageuse. Il apporte des indications précises sur les mesures qu'il prend pour obtenir une excellente conservation de la masse ensilée et pour éviter les fermentations nuisibles.

MM. Gouin, Jules Le Conte, Mallèvre, Marlet, Mir, Vivien Morel, Sanson et Tangl ajoutent quelques remarques à la communication de M. le baron Peers.

M. Dechambre résume son rapport concernant *l'influence de l'alimentation sur la teneur du lait en matière grasse*. Passant en revue les principales causes de variation de la teneur du lait en matière grasse, il retient l'influence de l'individualité. Après avoir examiné le rôle des diverses sortes d'aliments, il conclut qu'il faut, avant tout, faire porter son choix sur les vaches bonnes beurrières, qu'on alimentera le plus possible et le plus économiquement possible, afin de leur faire acquérir la limite maxima de leur aptitude individuelle.

M. Sanson prétend que l'alimentation agit sur la quantité totale de matière sèche du lait et non sur la teneur en matière grasse de cette dernière. La teneur en graisses de la matière sèche du lait est une question d'individualité.

MM. Alvord, Gouin, Lydtin et le baron Peers présentent quelques remarques.
A la demande de plusieurs membres du Congrès, M. Mir fait part de ses observations personnelles sur l'ensilage des betteraves en mélange avec des menues pailles et de la paille hachée.

M. Mir adresse une allocution d'adieux aux membres du Congrès, en particulier aux membres étrangers. Il espère que la Société d'alimention rationnelle du bétail pourra tenir un congrès international en 1903.
Après une aimable réponse de M. Lydtin, M. Mir prononce la clôture du Congrès.

La séance est levée à 5 h. 45.

Imprimerie nationale. — 6724-97-01.